鬥智擂台

金牌語文大比拼

詩歌及文化篇

金暘　編著

U0106159

新雅文化事業有限公司
www.sunya.com.hk

鬥智擂台
金牌語文大比拼：詩歌及文化篇

編　　著：金暘
繪　　圖：米家文化
責任編輯：潘曉華
美術設計：黃觀山
出　　版：新雅文化事業有限公司
　　　　　香港英皇道 499 號北角工業大廈 18 樓
　　　　　電話：(852) 2138 7998
　　　　　傳真：(852) 2597 4003
　　　　　網址：http://www.sunya.com.hk
　　　　　電郵：marketing@sunya.com.hk
發　　行：香港聯合書刊物流有限公司
　　　　　香港荃灣德士古道 220-248 號荃灣工業中心 16 樓
　　　　　電話：(852) 2150 2100
　　　　　傳真：(852) 2407 3062
　　　　　電郵：info@suplogistics.com.hk
印　　刷：中華商務彩色印刷有限公司
　　　　　香港新界大埔汀麗路 36 號
版　　次：二〇二二年七月初版

原書名：《中國少年兒童智力挑戰全書：金牌語文·奇趣漢語》
本書經由浙江少年兒童出版社有限公司獨家授權中文繁體版在
香港、澳門地區出版發行。

ISBN: 978-962-08-8065-0
© 2022 Sun Ya Publications (HK) Ltd.
18/F, North Point Industrial Building, 499 King's Road, Hong Kong
Published in Hong Kong, China
Printed in China

輕輕鬆鬆，邊玩邊學語文！

　　從小打好語文基礎非常重要，可是死記硬背的方法實在枯燥無味，容易令小朋友對學習語文卻步。

　　其實學習語文的方法可以很有趣。《金牌語文大比拼》系列共有 2 冊，每冊設計了三道挑戰關卡，分別考考小朋友對字、詞語、成語，以及詩歌、諺語、文化知識的認識。

　　為了增加遊戲的趣味，每關再細分不同的挑戰難度和限時思考，除了有助提升小朋友的語文能力外，還可訓練邏輯、觀察、理解、聯想、記憶等多項能力。相信通過本書的遊戲，小朋友會發現語文學習真好玩！

目録

輕輕鬆鬆，
邊玩邊學語文！　　3

第 1 關
優美的詩歌
////////

001 詩句填空（一）　　10
002 詩句填空（二）　　11
003 詩句填空（三）　　12
004 詩句填空（四）　　13
005 詩句填空（五）　　14
006 古詩上下句（一）　　15
007 古詩上下句（二）　　16
008 古詩上下句（三）　　17
009 古詩上下句（四）　　18
010 古詩上下句（五）　　19

011 詩畫搭配（一）　　20
012 詩畫搭配（二）　　21
013 詩畫搭配（三）　　22
014 詩畫搭配（四）　　23
015 詩畫搭配（五）　　24
016 五彩詩句（一）　　25
017 五彩詩句（二）　　26
018 五彩詩句（三）　　27
019 五彩詩句（四）　　28
020 五彩詩句（五）　　29
021 詩歌轉轉輪（一）　　30
022 詩歌轉轉輪（二）　　31
023 詩歌轉轉輪（三）　　32
024 詩歌轉轉輪（四）　　33
025 詩歌轉轉輪（五）　　34
026 詩句與成語（一）　　35

027 詩句與成語（二）　36

028 詩句與成語（三）　37

029 詩句與成語（四）　38

030 詩句與成語（五）　39

031 詩句排序（一）　40

032 詩句排序（二）　41

033 詩句排序（三）　42

034 詩句排序（四）　43

035 詩句排序（五）　44

036 數字詩句（一）　45

037 數字詩句（二）　46

038 數字詩句（三）　47

039 數字詩句（四）　48

040 數字詩句（五）　49

041 詩人的代表作　50

第 2 關
生動的諺語
▰▰▰▰▰▰▰

042 諺語中的數字　52

043 排列組合　53

044 「勤勞」的諺語　54

045 諺語填空（一）　55

046 諺語填空（二）　56

047 諺語兄弟　57

048 志趣相投　58

049 一起去春遊　59

050 天氣諺語（一）　60

051 天氣諺語（二）　61

052 勤儉節約　62

053 好好學習　63

054 珍惜光陰　64

055 齊心協力　65

056 健康養生　66

057 排排序　67

058 參加舞會　68

059 諺語「對頭」　69

060 諺語「密友」　70

061 「錢」的諺語　71

062 虛心使人進步　72

063 「家」的諺語　　　73

064 以小見大　　　74

065 諺語迷陣（一）　　　75

066 諺語迷陣（二）　　　76

067 諺語迷陣（三）　　　77

068 植物諺語　　　78

069 動物諺語　　　79

070 日用品諺語　　　80

071 山水諺語　　　81

072 有理有據　　　82

073 朋友知己　　　83

074 猜諺語　　　84

第 3 關
豐富的文化寶藏

075 文房四寶　　　86

076 四大發明　　　87

077 找找五行　　　88

078 猜猜古代名人　　　89

079 唸唸《三字經》　　　90

080 重要的「五常」　　　91

081 四藝　　　92

082 儒家和道家　　　93

083 四大名著　　　94

084 詩集之最　　　95

085 十二生肖　　　96

086 古代高材生　　　97

087 辭書之最　　　98

088 史書作者　　　99

089 四書五經（一）　　　100

090 四書五經（二）　　　101

091 整理經書　　　102

092 古典名著（一）　　　103

093 古典名著（二）　　　104

094 詩人的名與字（一）　　　105

095 詩人的名與字（二）　　　106

096 詩人的別號　　　107

097 天干地支（一）   108

098 天干地支（二）   109

099 美妙的五音   110

100 詩歌名句（一）   111

101 詩歌名句（二）   112

102 認識「李杜」   113

103 認識「小李杜」   114

104 唐宋八大家   115

105 三詞客   116

106 四大家   117

107 生旦淨末丑   118

108 歲寒三友   119

109 四君子   120

110 魯迅的作品   121

111 巴金的作品   122

答案   123

▶▶▶▶ 小朋友，馬上來挑戰

本書的遊戲關卡吧！ ▶▶▶▶

第 1 關
優美的詩歌
/////////

難度 ★☆☆☆☆

能力 邏輯 觀察 理解
聯想 記憶

限時
1分鐘

001 詩句填空（一）

下面是唐代詩人孟浩然的《春曉》，
請在空格內填上欠缺的字。

春眠不覺曉，

處處聞啼 ▢ 。

夜來風雨聲，

▢ 落知多少。

難度 ★ ★ ★ ★ ★

能力 （邏輯）（觀察）（理解）

（聯想）（記憶）

限時
1分鐘

002 詩句填空（二）

下面是唐代詩人白居易的《賦得古原草送別》部分詩句，請在空格內填上欠缺的字。

離離原上 ⬜ ，

一歲一枯榮。

野 ⬜ 燒不盡，

春風吹又生。

11

003 詩句填空（三）

下面是唐代詩人杜甫的《前出塞九首·其六》部分詩句，請在空格內填上欠缺的字。

挽 ☐ 當挽強，

用 ☐ 當用長。

射人先射馬，

擒賊先擒王。

難度 ★ ☆ ☆ ☆ ☆

能力 （邏輯）（觀察）（理解）
（聯想）（記憶）

限時
1分鐘

004 詩句填空（四）

下面也是杜甫的作品名叫《絕句》，
請在空格內填上欠缺的字。

兩個黃鸝鳴翠 ☐ ，

一行白鷺上青天。

窗含西嶺千秋雪，

門泊東吳萬里 ☐ 。

005 詩句填空（五）

下面是唐代詩人賀知章的《詠柳》，
請在空格內填上欠缺的字。

碧玉妝成一樹高，

萬條垂下綠絲絛。

不知細葉誰裁出，

二月春風似☐☐。

難度 ★☆☆☆☆

能力 邏輯　觀察　理解　聯想　記憶

限時
1分鐘

006 古詩上下句（一）

下面是唐代詩人李商隱的《登樂遊原》的其中一句，它的上句是什麼？

＿＿＿＿＿＿＿＿＿，

只是近黃昏。

難度 ★☆☆☆☆

能力   邏輯 觀察 理解

聯想 記憶

限時
1分鐘

007 古詩上下句（二）

下面是唐代詩人李白的《望廬山瀑布》的其中一句，它的下句是什麼？

飛流直下三千尺，

_____。

難度　★☆☆☆☆

能力　(邏輯) (觀察) (理解)
　　　(聯想) (記憶)

限時
1分鐘

008　古詩上下句（三）

下面是唐代詩人王維的《送元二使安西》的其中一句，它的上句是什麼？

_____，

西出陽關無故人。

難度 ★☆☆☆☆

能力 邏輯 觀察 理解 聯想 記憶

限時
1分鐘

009 古詩上下句（四）

- -

下面是唐代詩人李商隱的《無題》的其中一句，它的下句是什麼？

春蠶到死絲方盡，

＿＿＿＿＿＿＿＿＿ 。

18

難度 ★★★★★

能力 （邏輯）（觀察）（理解）
（聯想）（記憶）

限時
1分鐘

010 古詩上下句（五）

下面是宋代詩人陸游的《遊山西村》的其中一句，它的上句是什麼？

_____,

柳暗花明又一村。

011 詩畫搭配（一）

下面的詩句出自宋代詩人王安石的
《梅花》。詩中提及的梅花是什麼樣
子的呢？

牆角數枝梅，

凌寒獨自開。

❶

❷

難度 ★★☆☆☆

能力 （邏輯）（觀察）（理解）（聯想）（記憶）

限時
1分鐘

012 詩畫搭配（二）

下面的詩句出自宋代詩人楊萬里的《曉出淨慈寺送林子方‧其二》。詩中提及的荷花是什麼樣子的呢？

接天蓮葉無窮碧，

映日荷花別樣紅。

①

②

013 詩畫搭配（三）

下面的詩句出自唐代詩人岑參的《白雪歌送武判官歸京》。詩中提及的梨花是什麼樣子的呢？

忽如一夜春風來，

千樹萬樹梨花開。

❶　　　　　　　　❷

難度 ★★☆☆☆

能力 （邏輯）（觀察）（理解）
　　 （聯想）（記憶）

限時
1分鐘

014 詩畫搭配（四）

- -

下面的詩句出自唐代詩人崔護的《題都城南莊》。詩中提及的桃花是什麼樣子的呢？

　　人面不知何處去，

　　桃花依舊笑春風。

難度 ★★☆☆☆

能力 邏輯 觀察 理解
聯想 記憶

限時
1分鐘

015 詩畫搭配（五）

下面的詩句出自宋代詩人蘇轍的《蘭花》。你知道蘭花是什麼樣子的嗎？

春風欲擅秋風巧，

催出幽蘭繼落梅。

難度 ★★☆☆☆

能力 （邏輯）（觀察）（理解）
（聯想）（記憶）

限時
1分鐘

016 五彩詩句（一）

下面的詩句出自唐代詩人杜牧的《山行》，詩句和顏色有關，請根據詩句的意思把欠缺的字填上。

霜葉 ☐ 於二月花

017 五彩詩句（二）

下面的詩句出自宋代理學家朱熹的《春日》。空格內的字和顏色有關，請填填看。

萬 ☐ 千紅總是春

難度 ★★★★★

能力 （邏輯）（觀察）（理解）
（聯想）（記憶）

限時
1分鐘

018 五彩詩句（三）

下面的詩句出自唐代詩人駱賓王的《詠鵝》。空格內的字和顏色有關，請填填看。

☐毛浮綠水

難度 ★★☆☆☆

能力 (邏輯) (觀察) (理解)
(聯想) 記憶

限時
1分鐘

019 五彩詩句（四）

下面的詩句出自唐代詩人李商隱的
《錦瑟》。空格內的字和顏色有關，
請填填看。

☐田日暖玉生煙

28

難度 ★★☆☆☆

能力 （邏輯）（觀察）（理解）（聯想）（記憶）

限時
1分鐘

020 五彩詩句（五）

下面的詩句出自唐代詩人白居易的《憶江南·江南好》。空格內的字和顏色有關，請填填看。

春來江水 ☐ 如藍

難度 ★★★★★

能力 （邏輯）（觀察）（理解）（聯想）（記憶）

限時 1分鐘

021 詩歌轉轉輪（一）

- -

下面的詩句出自唐代詩人杜甫的《望嶽》。它的下一句是什麼？

會當凌絕頂

1 蒼蒼橫翠微

2 一覽眾山小

3 更上一層樓

難度 ★★☆☆☆

能力 (邏輯) (觀察) (理解)
(聯想) (記憶)

限時
1分鐘

022 詩歌轉轉輪（二）

下面的詩句出自唐代詩人張九齡的
《望月懷遠》。它的下一句是什麼？

海上生明月

1 春風花草香

2 天涯共此時

3 天涯若比鄰

023 詩歌轉轉輪（三）

下面的詩句出自唐代詩人崔顥的《黃鶴樓》。它的下一句是什麼？

黃鶴一去不復返

❶ 一片孤城萬仞山

❷ 多少樓台煙雨中

❸ 白雲千載空悠悠

難度 ★★☆☆☆

能力 (邏輯) (觀察) 理解
(聯想) 記憶

限時
1分鐘

024 詩歌轉轉輪（四）

下面的詩句出自唐代詩人岑參的《白雪歌送武判官歸京》。它的下一句是什麼？

山迴路轉不見君

1 唯見長江天際流

2 輕舟已過萬重山

3 雪上空留馬行處

難度 ★★ ☆☆☆

能力 邏輯 觀察 理解 聯想 記憶

限時 1分鐘

025 詩歌轉轉輪（五）

下面的詩句出自宋代詩人王安石的《登飛來峯》。它的下一句是什麼？

不畏浮雲遮望眼

❶ 自緣身在最高層

❷ 白雲生處有人家

❸ 只緣身在此山中

難度 ★★★★★

能力 邏輯 觀察 理解
聯想 記憶

限時
5分鐘

026 詩句與成語（一）

下面詩句出自唐代詩人曹松的《南海》，請猜猜哪個成語能和這句詩配對。

天地不同方覺遠，

共天無別始知寬。

難度 ★★★☆☆

能力 （邏輯）（觀察）理解
（聯想）（記憶）

限時
5分鐘

027 詩句與成語（二）

下面詩句出自唐代詩人王之渙的
《登鸛雀樓》，請猜猜哪個成語
能和這句詩配對。

欲窮千里目，

更上一層樓。

難度 ★★★☆☆

能力 （邏輯）（觀察）理解
（聯想）（記憶）

限時
5分鐘

028 詩句與成語（三）

下面詩句出自宋代詩人夏元鼎的《絕句》，請猜猜哪個成語能和這句詩配對。

踏破鐵鞋無覓處，

得來全不費工夫。

029 詩句與成語（四）

下面句子出自唐代詩人李白的《黃鶴樓送孟浩然之廣陵》，請猜猜哪個成語能和這句詩配對。

孤帆遠影碧空盡，

唯見長江天際流。

難度 ★★★☆☆

能力 邏輯　觀察　理解
　　　聯想　記憶

限時
5分鐘

030 詩句與成語（五）

下面句子出自宋代詩人陸游的作品《遊山西村》，請猜猜哪個成語能和這句詩配對。

山重水複疑無路，

柳暗花明又一村。

難度 ★★★★☆

能力 邏輯 觀察 理解 聯想 記憶

限時 3分鐘

031 詩句排序（一）

下面是唐代詩人張繼的《楓橋夜泊》，但詩的次序弄亂了，請把它按正確次序組合起來。

① 姑蘇城外寒山寺

② 江楓漁火對愁眠

③ 夜半鐘聲到客船

④ 月落烏啼霜滿天

難度 ★★★★☆

能力 邏輯 觀察 理解 聯想 記憶

限時
3分鐘

032 詩句排序（二）

下面是唐代詩人王之渙的《涼州詞》，請把它按正確次序組合起來。

1 一片孤城萬仞山

2 黃河遠上白雲間

3 春風不度玉門關

4 羌笛何須怨楊柳

41

033 詩句排序（三）

下面是唐代詩人李白的《望天門山》，請把它按正確次序組合起來。

1. 孤帆一片日邊來

2. 天門中斷楚江開

3. 兩岸青山相對出

4. 碧水東流至此回

難度 ★★★★☆

能力 （邏輯）（觀察）（理解）（聯想）（記憶）

限時
3分鐘

034 詩句排序（四）

下面是唐代詩人王維的《相思》，請把它按正確次序組合起來。

1 春來發幾枝

2 願君多採擷

3 紅豆生南國

4 此物最相思

難度 ★★★★☆

能力 邏輯　觀察　 理解
　　　聯想　記憶

限時
3分鐘

035 詩句排序（五）

下面是唐代詩人白居易的《暮江吟》，請把它按正確次序組合起來。

① 露似真珠月似弓

② 一道殘陽鋪水中

③ 可憐九月初三夜

④ 半江瑟瑟半江紅

難度 ★★★★★

能力 （邏輯）（觀察）（理解）
（聯想）（記憶）

限時
2分鐘

036 **數字詩句（一）**

- -

下面是唐代詩人韋應物的《淮上喜會梁州故人》，當中欠了些數字，請把它補充完整。

浮雲 ⬜ 別後

流水 ⬜ 年間

037 數字詩句（二）

下面的詩句也欠了些數字，請把它補充完整。

☐山鳥飛絕

——（唐）柳宗元《江雪》

長安☐片月

——（唐）李白《子夜吳歌·秋歌》

難度 ★★★★★

能力 （邏輯）（觀察）（理解）
（聯想）記憶

限時
2分鐘

038 數字詩句（三）

欠缺數字的詩句又多一些了！你能
完成它們嗎？

花間 ▢ 壺酒
——（唐）李白《月下獨酌》

趣途無 ▢ 里
——（唐）王維《青溪》

47

039 數字詩句（四）

下面還有些欠缺數字的詩句，請把它們補充完整。

長風幾 ⬚ 里

——（唐）李白《關山月》

烽火連 ⬚ 月

——（唐）杜甫《春望》

難度 ★★★★★

能力 （邏輯） （觀察） （理解）
（聯想） （記憶）

限時
2分鐘

040 數字詩句（五）

請把下面詩句補充完整。

☐ 年磨一劍

——（唐）賈島《劍客》

☐ 更燈火五更雞

——（唐）顏真卿《勸學》

041 詩人的代表作

你知道下面的詩歌由哪位詩人創作嗎？

《將進酒》《春望》《琵琶行》

《茅屋為秋風所破歌》

《蜀道難》《長恨歌》

杜甫　　李白　　白居易

第 2 關

生動的諺語

042 諺語中的數字

諺語是在民間廣泛流傳的短語，通俗易懂。有些諺語裏藏有數字，請把它們找出來吧。

❶ 家有 ☐ 老，如有 ☐ 寶

❷ ☐ 個臭皮匠，頂個諸葛亮

❸ ☐ 日打魚 ☐ 日曬網

難度 ★☆☆☆☆

能力 （邏輯）（觀察）（理解）

（聯想）（記憶）

限時
1分鐘

043 排列組合

下面的諺語被打亂了，你能把它們
重新組合起來嗎？

由儉入奢易

只怕有心人

鐵杵磨成針

由奢入儉難

世上無難事

只要功夫深

044 「勤勞」的諺語

下面哪些是有關勤勞的諺語呢？
請加 ✓。

一年之計在於春，
一日之計在於晨 ☐

人生七十古來稀 ☐

有志者事竟成 ☐

天下無難事，只怕有心人 ☐

難度 ★☆☆☆☆

能力　邏輯　觀察　理解

聯想　記憶

限時
1分鐘

045 諺語填空 (一)

咦，下面有些漢字怎麼孤零零的？快去幫它們找到各自的諺語玩伴吧。

賠了夫人又折 ▢

放長線釣大 ▢

近水樓台先得 ▢

難度 ★★★★★
能力 （邏輯）（觀察）（理解）
（聯想）（記憶）

限時
1分鐘

046 諺語填空（二）

下面的諺語欠缺了一些字，請補充完整。

人不可貌 ☐

初生之犢不畏 ☐

好漢不吃眼前 ☐

56

難度 ★☆☆☆☆

能力 （邏輯）（觀察）（理解）
　　　（聯想）（記憶）

限時
1 分鐘

047 諺語兄弟

下面的諺語和自己的兄弟走散了，你能幫幫它們嗎？

路見不平

台下十年功

台上一分鐘

有則改之

無則加勉

拔刀相助

048 志趣相投

不少諺語雖然長得不一樣，但它們可是志趣相投的好伙伴！請把意思相近的諺語找出來吧。

❶ 知足稱君子，貪婪是小人

❷ 吃一塹，長一智

❸ 知足得安寧，貪心易招禍

❹ 頭回上當，二回心亮

58

難度 ★★ ☆ ☆ ☆

能力 （邏輯）（觀察）（理解）
　　 （聯想）（記憶）

限時
1分鐘

049 一起去春遊

下面的字打算一起報名去春遊，它們要組成一句諺語才能參加旅行社的特惠團，請幫幫它們吧。

鼓

明

不

響

不

不

辯

敲

不

理

050 天氣諺語（一）

下面的諺語和天氣有關，請補充完整。

① 天上烏雲蓋，大 ☐ 來得快

② 六月的天，孩子的 ☐

③ 小暑熱得 ☐ ，大暑涼颼颼

難度 ★★☆☆☆

能力 (邏輯) (觀察) (理解)

(聯想) (記憶)

限時
1分鐘

051 天氣諺語（二）

下面有更多和天氣有關的諺語，請給它們做出正確的配對。

先雷後雨雨必小

星星眨眼

細雨沒久晴

先雨後雷雨必大

大雨無久落

大雨不遠

052 勤儉節約

下面的諺語都和珍惜食物有關，請你補充完整。

① 一粥一飯，當思來處 _____

② 一粒米，一滴汗，粒粒糧食

_____ 換

③ 飽漢不知 _____ 飢

難度 ★★☆☆☆

能力 （邏輯）（觀察）理解
（聯想）記憶

限時
1分鐘

053 好好學習

下面的諺語都和學習有關，請你補充完整。

❶ 青出於藍而勝於 ☐

❷ 書到用時方恨 ☐

❸ 好記性不如爛筆 ☐

054 珍惜光陰

下圖隱藏了什麼諺語呢？

難度 ★★☆☆☆
能力 （邏輯）（觀察）（理解）
（聯想）（記憶）

限時
1分鐘

055 齊心協力

下面的諺語都是告訴我們「團結就是力量」的道理，你能根據意思，把它們配對起來嗎？

人心齊

泰山移

水漲船高

獨腳難行

孤掌難鳴

柴多火旺

056 健康養生

下面是關於早、午、晚飯的用餐建議，你都做到了嗎？

早飯吃得 □ ，

午飯吃得 □ ，

晚飯吃得 □ ，

必定身體好。

難度 ★★★☆☆

能力　邏輯　觀察　理解　聯想　記憶

限時 2分鐘

057 排排序

下面的諺語次序全弄錯了，請幫忙排出正確的次序。

難　無　水　離　威　魚　虎　活　離　山

058 參加舞會

一些諺語來參加舞會，正準備找舞伴呢！請根據下面各諺語的意思，找回它們的家族成員，並畫上相同的記號。

1 食多傷胃，言多語失

2 千樹連根，十指連心

3 風大就涼，人多就強

4 說話細思考，吃飯細咀嚼

難度 ★★★☆☆

能力 （邏輯）（觀察）（理解）

（聯想）（記憶）

限時
2分鐘

059 諺語「對頭」

在諺語大家族裏，有很多互相看不順眼的「對頭」也能和諧地組成一句諺語。請把這些「對頭」搭配一下吧。

人勤地生寶

禮到人心暖

君子動口

無禮討人嫌

小人動手

人懶地生草

060 諺語「密友」

有「對頭」，自然就會有「密友」，
請幫助下面不完整的諺語，找到它
們的「密友」吧！

良藥苦口利於病

天外有天

刀不磨要生鏽

忠言逆耳利於行

人不學會落後

人外有人

難度 ★★★☆☆

能力　（邏輯）（觀察）（理解）
　　　（聯想）（記憶）

限時
2分鐘

061　「錢」的諺語

下面藏了兩句關於「錢」的諺語，你能找出來嗎？

知足稱君子貪婪是小人三分天才七分ㄅ
大魚吃小魚
小魚吃蝦米
富貴險中求儉樸

062 虛心使人進步

每個小朋友都是非常優秀的，可是我們在取得好成績的同時，千萬不能驕傲自滿。為什麼？

＿＿＿＿＿＿＿＿＿＿＿ 好學，

＿＿＿＿＿＿＿＿＿＿＿ 自滿

虛心 ＿＿＿＿＿＿＿＿＿＿＿

自滿者 ＿＿＿＿＿＿＿＿＿＿＿

難度 ★★★☆☆

能力 (邏輯) (觀察) 理解
(聯想) 記憶

限時
3分鐘

063 「家」的諺語

下面是關於家的諺語，請找出正確的配搭。

國和萬事興

將相不和鄰國欺

外人欺

黃土變成金

❶ 家不和，＿＿＿＿＿＿＿＿

❷ 家和日子旺，＿＿＿＿＿＿

064 以小見大

下面的諺語能以小見大，提醒人們好的結果要從小事做起。請根據句子意思，把句子補充完整。

❶ 樹靠人修，☐ 靠自修

❷ 小時偷針，☐ 時偷金

❸ 刀槍越使越亮，

☐☐ 越積越多

難度 ★★★☆☆

能力　邏輯　觀察　理解
　　　聯想　記憶

限時
3分鐘

065 諺語迷陣（一）

下面隱藏了四句諺語，你能找出來嗎？

| 見 | 強 | 不 | 怕 | 遇 | 弱 | 不 | 欺 |

| 志 | 長 | 子 | 君 | 仇 | 記 | 人 | 小 |

| 有 | 福 | 同 | 享 | 有 | 難 | 同 | 當 |

| 嘴 | 爭 | 人 | 壞 | 理 | 爭 | 人 | 好 |

難度 ★★★★☆

能力 邏輯 觀察 理解
聯想 記憶

限時
4分鐘

066 諺語迷陣（二）

下面的陣法又變了，你能找出所有諺語嗎？

病 不 急 怕 亂 天 投 寒 醫 地 凍

逢 就 廟 怕 就 手 燒 腳 香 不 動

一 好 筆 問 畫 不 不 迷 成 路 龍

一 好 鍬 做 挖 不 不 受 出 貧 井

難度 ★★★★☆

能力　邏輯　觀察　理解

聯想　記憶

限時
3分鐘

067 諺語迷陣（三）

下面的陣法再次變換，請找出所有諺語吧。

寧	聽	不	勝
走	君	走	讀
十	一	一	十
步	席	步	年
遠	話	險	書

068 植物諺語

下面的諺語和植物有關，請補充完整。

沒有鋸不倒的 ⬚ ，

沒有敲不響的 ⬚

天不生無用之 ⬚ ，

地不長無根之 ⬚

難度 ★★★★☆

能力 (邏輯) (觀察) 理解
(聯想) 記憶

限時
3分鐘

069 動物諺語

下面的諺語和動物有關，請補充完整。

[ ]不離隊，[ ]不離羣

人不在大[ ]，馬不在[ ]低

070 日用品諺語

下面的諺語和日用品有關,請補充完整。

寧撞金 ☐ 一下,

不打破鼓千聲

☐ 鋸木斷,

水滴石穿

難度 ★★★★☆

能力　邏輯　觀察　理解

　　　聯想　記憶

限時
4分鐘

071 山水諺語

下面的諺語和自然有關，請補充完整。

留得＿＿＿＿＿在，

不怕沒柴燒

＿＿＿＿＿不拒細流，

泰山不擇土石

072 有理有據

請動動腦筋，把下面的諺語配對起來。

理不短

隔行不講理

船穩不怕風大

嘴不軟

有理通行天下

隔行如隔山

難度 ★★★★☆

能力　邏輯　觀察　理解　聯想　記憶

限時 3分鐘

073 朋友知己

朋友對我們有多重要？將下面諺語漏掉的部分補上，你就會知道答案。

在家靠父母，＿＿＿＿＿＿

海內存知己，＿＿＿＿＿＿

＿＿＿＿＿＿，日久見人心

074 猜諺語

下面句子的意思是代表哪句諺語？
來猜猜看吧。

❶ 形容遭受挫折之後學到了經驗。

❷ 說出的一句話，四匹快馬也追不回來。

❸ 品德高尚的人會等待時機。

第 3 關
豐富的文化寶藏

075 文房四寶

請從下面物件中找出文房四寶。

筆架

書本

圓規

墨塊

毛筆

硯台

橡皮

尺

紙張

難度 ★☆☆☆☆
能力 （邏輯）（觀察）（理解）
（聯想）（記憶）

限時
1分鐘

076 四大發明

你能在下面的物件中找出中國四大發明嗎？

皮帶　　水壺　　杯子

活字印刷的字

煙花

鑷

宣紙

鍋

帶有指南針功能的手錶

難度 ★★★★★
能力 (邏輯) (觀察) (理解)
(聯想) (記憶)

限時
1分鐘

077 找找五行

下面五個字隱藏了中國的五行，你能解讀密碼嗎？

樹

銅

河

地

燈

難度 ★★★★★

能力 邏輯 觀察 理解 聯想 記憶

限時 1分鐘

078 猜猜古代名人

以下的詩句最適合形容哪位古人呢？

雄兔腳撲朔，

雌兔眼迷離；

兩兔傍地走，

安能辨我是雄雌？

079 唸唸《三字經》

下面是兒童啟蒙讀物《三字經》開首的四句，你能把它完成嗎？

人之初， _____ ；

_____ ，習相遠。

苟不教， _____ ；

_____ ，貴以專。

難度 ★★★★★

能力 （邏輯）（觀察）（理解）（聯想）（記憶）

限時 1分鐘

080 重要的「五常」

儒家重視德行，提出了為人的基本道德準則，稱為「五常」，你知道是哪五種德行嗎？

仁　　義　　誠

悌　　勤　　孝

智　　禮

勇　　信

081 四藝

下面隱藏了中國古代所指的四藝，即是文人要掌握的四門藝術，請找出來吧。

琴　粉　棋　飯

書　畫　粥　麵

難度 ★★★★★

能力 邏輯　觀察　理解　聯想　記憶

限時 1分鐘

082 儒家和道家

儒家和道家的學說對中國文化影響深遠，這兩個學派的代表人物是誰呢？

儒家

孔子　　韓非子　　莊子

道家

孟子　　老子　　荀子

083 四大名著

你知道中國古代四大名著是什麼嗎？請從下面的書海中找出來吧。

《大學》　　《詩經》　　《漢書》

《三國演義》　　《春秋》　　《孟子》

《水滸傳》　　《紅樓夢》　　《論語》

《西遊記》　　《周易》　　《史記》

94

難度　★★★★★

能力　邏輯　觀察　理解
　　　聯想　記憶

限時
1分鐘

084 詩集之最

哪一本是中國第一部詩集呢？

《唐詩三百首》

《詩經》

《宋詞》

《漢樂府》

《李太白文集》

95

085 十二生肖

有三種動物混入了中國十二生肖之中，請把它們找出來。

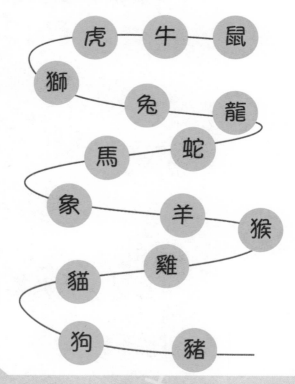

虎　牛　鼠
獅
兔　龍
馬　蛇
象　羊　猴
雞
貓
狗　豬

96

難度 ★★★★★

能力 邏輯　觀察　理解　聯想　記憶

限時 1分鐘

086 古代高材生

科舉是中國古代的考試制度。通過最高級別的殿試後，考獲首三名的考生分別稱為什麼？請用線連起來。

榜眼　　狀元　　及第　　探花

第二名　　第一名　　第三名

087 辭書之最

下面列出了中國第一部字典的名稱，
你能找出來嗎？

《康熙字典》

《說文解字》

《辭海》

《辭淵》

《新華字典》

難度 ★★★☆☆

能力　邏輯　觀察　理解
　　　聯想　記憶

限時
2分鐘

088 史書作者

你知道《史記》的作者是誰嗎?

司馬遷

司馬昭

諸葛亮

孔子

孟子

老子

曹操

周瑜

089 四書五經（一）

中國古代儒家有「四書五經」之說，「四書」是指哪些書？

《三字經》《大學》《四庫全書》

《中庸》　《永樂大典》　《論語》

《百家姓》　《孟子》　《千字文》

難度 ★★★☆☆

能力 （邏輯）（觀察）（理解）（聯想）（記憶）

限時
3分鐘

090 四書五經（二）

「四書五經」之中，「五經」有哪些書？

《弟子規》　《詩經》　《古文觀止》

《禮記》　　《尚書》　　《周易》

《千家詩》　《春秋》　《增廣賢文》

091 整理經書

下面的書都被錯放了地方，請幫它們正確歸類。

中國第一部大百科全書

中國第一部兵書

中國第一部神話集

中國第一部關於製茶的書

《山海經》《茶經》

《孫子兵法》《永樂大典》

難度 ★★★☆☆

能力 （邏輯）（觀察）（理解）
（聯想）（記憶）

限時
3分鐘

092 古典名著（一）

- - - - - - - - - - - - - - - - - - - -

請把下面的人名和他們的著作連起來。

蒲松齡 •　　　• 《紅樓夢》

曹雪芹 •　　　• 《水滸傳》

施耐庵 •　　　• 《聊齋志異》

093 古典名著（二）

下面的著作由誰創作呢？請配對起來。

《西遊記》 • • 羅貫中

《三國演義》• • 吳承恩

《儒林外史》• • 吳敬梓

難度 ★★★☆☆

能力 (邏輯) (觀察) (理解)
(聯想) (記憶)

限時
3分鐘

094 詩人的名與字 (一)

中國古人根據人名中的字義，再另取一個「字」，請把下面的名和字配對起來。

名

杜甫

李白

歐陽修

字

永叔

子美

太白

095 詩人的名與字（二）

下面分別是詩人的字和名，請把它們配對起來。

字

樂天

子瞻

魯直

名

蘇軾

白居易

黃庭堅

難度 ★★★☆☆

能力 （邏輯） （觀察） （理解）
（聯想） （記憶）

限時
3分鐘

096 詩人的別號

下面左邊都是詩人的別號，它們分別屬於誰的呢？

（提示：請仔細觀察各色塊吧。）

東坡居士	李白
青蓮居士	白居易
少陵野老	蘇軾
香山居士	杜甫

097 天干地支（一）

古代中國以十天干和十二地支紀錄年、月、日。下面的十天干被打亂了，請畫箭嘴顯示正確的順序。

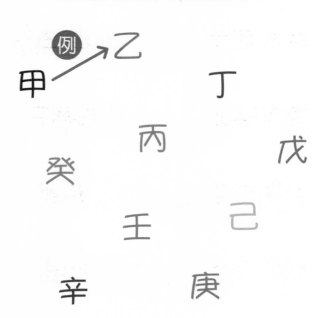

難度 ★★★☆☆

能力 （邏輯）（觀察）（理解）

（聯想）（記憶）

限時
2分鐘

098　天干地支（二）

下面是十二地支，當中有四個地支站錯了位置，請找出來並帶它們回到正確的位置。

子 → 亥 → 寅 →

卯 → 辰 → 午 →

巳 → 未 → 申 →

酉 → 戌 → 丑

099 美妙的五音

下圖隱藏了中國古樂中的五個基本音階，它們類似現在簡譜中的 Do、Re、Mi、So、La，請把它們找出來吧。

稻	黃	宮	水
金	商	苦	大
青	酸	角	豆
紅	徵	羽	黑

難度 ★★★★☆

能力 （邏輯） （觀察） （理解）
（聯想） （記憶）

限時
3分鐘

100 詩歌名句（一）

下面的詩歌名句是由誰寫的呢？

① 天生我材必有用，
千金散盡還復來。

② 國破山河在，
城春草木深。

③ 欲把西湖比西子，
淡妝濃抹總相宜。

101 詩歌名句（二）

這裏還有更多詩歌名句，你知道作者是誰嗎？

❶ 千呼萬喚始出來，
猶抱琵琶半遮面。

❷ 明月松間照，
清泉石上流。

❸ 洛陽親友如相問，
一片冰心在玉壺。

難度 ★★★★☆

能力　邏輯　觀察　理解　聯想　記憶

限時
3分鐘

102 認識「李杜」

李白和杜甫並稱「李杜」，他們有哪些詩歌代表作品？請從下面選項中找出來。

李白　　　杜甫

《兵車行》　《贈汪倫》

《早發白帝城》

《靜夜思》　《望嶽》

《登岳陽樓》

103 認識「小李杜」

繼李白和杜甫之後，李商隱和杜牧被稱為「小李杜」。他們有哪些詩歌代表作品呢？請從下面選項中找出來。

李商隱	杜牧

《登樂遊原》　《江南春》

《泊秦淮》　《錦瑟》

《無題》　《清明》

難度 ★★★★☆

能力 （邏輯）（觀察）（理解）
（聯想）（記憶）

限時
3分鐘

104　唐宋八大家

中國古代唐宋八大家號稱「一韓一柳一歐陽，三蘇曾鞏加一王」，除了曾鞏，其他七位的名字是什麼呢？請從下圖圈出來。

韓	愈	柳	宗	元
歐	陽	修	蘇	洵
蘇	武	韓	非	子
蘇	軾	包	青	天
王	安	石	蘇	轍

105 三詞客

在唐宋八大家中，原來有一個家庭，所謂：

「一門父子三詞客」

到底這三人是誰呢？

難度 ★★★★★

能力 邏輯　觀察　理解
聯想　記憶

限時
3分鐘

106 四大家

唐宋八大家中的人物還被稱為「千古文章四大家」，到底這四人是誰呢？請在 ☐ 內加 ✓。

韓愈、柳宗元、
歐陽修、蘇軾　☐

蘇洵、王安石、
歐陽修、蘇軾　☐

韓愈、柳宗元、
蘇轍、蘇軾　☐

107 生旦淨末丑

下面的五個京劇人物，分別對應了
京劇中的角色：生旦淨末丑，你能
分辨出來嗎？

難度 ★★★★★

能力 （邏輯）（觀察）（理解）
（聯想）（記憶）

限時
4分鐘

108 歲寒三友

下面的植物中，哪三種有「歲寒三友」的稱號呢？

蘭花

梅花

菊花

松樹

竹子

109 四君子

下面的植物中，哪四種有「四君子」的稱號呢？

梅花

牡丹

蘭花

桃花

竹子

菊花

難度 ★★★★★

能力 邏輯 觀察 理解
聯想 記憶

限時
5分鐘

110 魯迅的作品

下面哪兩本是魯迅的作品呢？

《吶喊》　　《彷徨》

《童年》　　《子夜》

《駱駝祥子》　　《雷雨》

111 巴金的作品

巴金的《激流三部曲》包括哪三本作品？

《家》 《春》 《秋》

《傾城之戀》 《半生緣》

《金鎖記》 《日出》

《原野》 《北京人》

答案

第 1 關

001 鳥、花
002 草、火
003 弓、箭
004 柳、船
005 剪刀
006 夕陽無限好
007 疑是銀河落九天
008 勸君更盡一杯酒
009 蠟炬成灰淚始乾
010 山重水複疑無路
011

012

013

014

015

016 紅
017 紫
018 白
019 藍
020 綠
021 一覽眾山小
022 天涯共此時
023 白雲千載空悠悠
024 雪上空留馬行處
025 自緣身在最高層
026 海闊天高 （參考答案）
027 高瞻遠矚 （參考答案）
028 歪打正着 （參考答案）
029 水天一色 （參考答案）
030 絕處逢生 （參考答案）
031 月落烏啼霜滿天，江楓漁火對
　　愁眠。姑蘇城外寒山寺，夜半

鐘聲到客船。

032 黃河遠上白雲間，一片孤城萬仞山。羌笛何須怨楊柳？春風不度玉門關。

033 天門中斷楚江開，碧水東流至此回。兩岸青山相對出，孤帆一片日邊來。

034 紅豆生南國，春來發幾枝？願君多採擷，此物最相思。

035 一道殘陽鋪水中，半江瑟瑟半江紅。可憐九月初三夜，露似真珠月似弓。

036 一、十

037 千、一

038 一、百

039 萬、三

040 十、三

041 《將進酒》《蜀道難》：李白；《春望》《茅屋為秋風所破歌》：杜甫；《琵琶行》《長恨歌》：白居易

第 2 關

042 一、一；三；三、兩

043 由儉入奢易，由奢入儉難；世上無難事，只怕有心人；只要功夫深，鐵杵磨成針

044 一年之計在於春，一日之計在於晨

045 兵、魚、月

046 相、虎、虧

047 路見不平，拔刀相助；台上一分鐘，台下十年功；有則改之，無則加勉

048 1 和 3；2 和 4

049 鼓不敲不響，理不辯不明

050 雨、腋、透

051 先雷後雨雨必小，先雨後雷雨必大；星星眨眼，大雨不遠；細雨沒久晴，大雨無久落

052 不易、汗珠、餓漢

053 藍、少、頭

054 少而不學，老而不識；一寸光陰一寸金，寸金難買寸光陰；少壯不努力，老大徒傷悲

055 人心齊，泰山移；水漲船高，柴多火旺；孤掌難鳴，獨腳難行

056 好、飽、少

057 虎離山無威，魚離水難活

058 1 和 4；2 和 3

059 人勤地生寶，人懶地生草；禮到人心暖，無禮討人嫌；君子動口，小人動手

060 良藥苦口利於病，忠言逆耳利

於行；天外有天，人外有人；
刀不磨要生鏽，人不學會落後

061 知足稱君子，貪婪是小人；清
貧常樂，濁富多憂

062 知不足者好學，恥下問者自
滿；虛心萬事能成，自滿者十
事九空

063 家不和，外人欺；家和日子
旺，國和萬事興

064 德、大、知識

065 見強不怕，遇弱不欺；小人記
仇，君子長志；有福同享，有
難同當；好人爭理，壞人爭嘴

066 病急亂投醫，逢廟就燒香；一
筆畫不成龍，一鍬挖不出井；
不怕天寒地凍，就怕手腳不
動；好問不迷路，好做不受貧

067 寧走十步遠，不走一步險；聽
君一席話，勝讀十年書

068 樹、鐘；人、草

069 兵、鳥；小、高

070 鐘、刀

071 青山、長江

072 理不短，嘴不軟；隔行不講理，
隔行如隔山；船穩不怕風大，
有理通行天下

073 出門靠朋友；天涯若比鄰；路
遙知馬力

074 吃一塹，長一智；一言既出，
駟馬難追；君子報仇，十年不
晚（參考答案）

第 3 關

075 毛筆、紙張、墨塊、硯台

076 活字印刷的字、帶有指南針功
能的手錶、煙花、宣紙

077 金、木、水、火、土

078 花木蘭

079 性本善、性相近、性乃遷、教
之道

080 仁、義、禮、智、信

081 琴、棋、書、畫

082 孔子、老子

083 《水滸傳》《三國演義》《西
遊記》《紅樓夢》

084 《詩經》

085 獅、象、貓

086 第一名：狀元；第二名：榜眼；
第三名：探花

087 《說文解字》

088 司馬遷

089 《大學》《中庸》《論語》《孟
子》

090 《詩經》《尚書》《禮記》《周
易》《春秋》

091 中國第一部大百科全書：《永樂大典》；中國第一部兵書：《孫子兵法》；中國第一部神話集：《山海經》；中國第一部關於製茶的書：《茶經》

092 蒲松齡：《聊齋志異》；曹雪芹：《紅樓夢》；施耐庵：《水滸傳》

093 《西遊記》：吳承恩；《三國演義》：羅貫中；《儒林外史》：吳敬梓

094 李白，字太白；杜甫，字子美；歐陽修，字永叔

095 白居易，字樂天；蘇軾，字子瞻；黃庭堅，字魯直

096 李白，號青蓮居士；白居易，號香山居士；蘇軾，號東坡居士；杜甫，號少陵野老

097 甲、乙、丙、丁、戊、己、庚、辛、壬、癸

098 子、丑、寅、卯、辰、巳、午、未、申、酉、戌、亥

099 宮商角徵羽

100 李白、杜甫、蘇軾

101 白居易、王維、王昌齡

102 李白：《贈汪倫》《早發白帝城》《靜夜思》；杜甫：《兵車行》《望嶽》《登岳陽樓》

103 李商隱：《登樂遊原》《錦瑟》《無題》；杜牧：《江南春》《泊秦淮》《清明》

104 韓愈、柳宗元、歐陽修、蘇洵、蘇軾、蘇轍、王安石

105 蘇洵、蘇軾、蘇轍

106 韓愈、柳宗元、歐陽修、蘇軾

107

旦　　丑　　生

末　　淨

108 松樹、竹子、梅花

109 梅花、蘭花、竹子、菊花

110 《吶喊》《彷徨》

111 《家》《春》《秋》

《鬥智擂台》系列

謎語挑戰賽 1

謎語挑戰賽 2

謎語過三關 1

謎語過三關 2

IQ 鬥一番 1

IQ 鬥一番 2

金牌數獨 1

金牌數獨 2

金牌語文大比拼：
字詞及成語篇

金牌語文大比拼：
詩歌及文化篇